BEI GRIN MACHT SICH IHR WISSEN BEZAHLT

- Wir veröffentlichen Ihre Hausarbeit,
  Bachelor- und Masterarbeit

- Ihr eigenes eBook und Buch -
  weltweit in allen wichtigen Shops

- Verdienen Sie an jedem Verkauf

Jetzt bei www.GRIN.com hochladen
und kostenlos publizieren

Joachim Dieterich

Odenwald - Exkursionsbericht

GRIN Verlag

Bibliografische Information der Deutschen Nationalbibliothek:

Die Deutsche Bibliothek verzeichnet diese Publikation in der Deutschen National-
bibliografie; detaillierte bibliografische Daten sind im Internet über http://dnb.d-
nb.de/ abrufbar.

Dieses Werk sowie alle darin enthaltenen einzelnen Beiträge und Abbildungen
sind urheberrechtlich geschützt. Jede Verwertung, die nicht ausdrücklich vom
Urheberrechtsschutz zugelassen ist, bedarf der vorherigen Zustimmung des Verla-
ges. Das gilt insbesondere für Vervielfältigungen, Bearbeitungen, Übersetzungen,
Mikroverfilmungen, Auswertungen durch Datenbanken und für die Einspeicherung
und Verarbeitung in elektronische Systeme. Alle Rechte, auch die des auszugsweisen
Nachdrucks, der fotomechanischen Wiedergabe (einschließlich Mikrokopie) sowie
der Auswertung durch Datenbanken oder ähnliche Einrichtungen, vorbehalten.

Impressum:

Copyright © 2004 GRIN Verlag GmbH
Druck und Bindung: Books on Demand GmbH, Norderstedt Germany
ISBN: 978-3-638-77842-8

Dieses Buch bei GRIN:

http://www.grin.com/de/e-book/31253/odenwald-exkursionsbericht

GRIN - Your knowledge has value

Der GRIN Verlag publiziert seit 1998 wissenschaftliche Arbeiten von Studenten, Hochschullehrern und anderen Akademikern als eBook und gedrucktes Buch. Die Verlagswebsite www.grin.com ist die ideale Plattform zur Veröffentlichung von Hausarbeiten, Abschlussarbeiten, wissenschaftlichen Aufsätzen, Dissertationen und Fachbüchern.

Besuchen Sie uns im Internet:

http://www.grin.com/

http://www.facebook.com/grincom

http://www.twitter.com/grin_com

Universität Koblenz Landau
Abteilung Landau
Institut für Geographie
Odenwaldexkursion SS2003

Odenwald-Exkursion

28. Juni 2003

Joachim Dieterich
2. Fachsemester

Inhaltsverzeichnis

Vorwort

In dieser Ausarbeitung zur Odenwald-Exkursion greife ich die drei Exkursionspunkte Felsberg, Neckar und Michelsstadt auf. Leider war es schwierig die angegebene Literatur zu verwenden, da sie seit der Exkursion dauerhaft ausgeliehen war. Ich stütze mich daher, mit wenigen Ausnahmen auf Quellen aus dem WorldWideWeb. Vielleicht währe es denkbar die Literatur, die zur Ausarbeitung einer Exkursion nötig ist in einen Semesterapparat zu stellen, da somit die Ausarbeitung erheblich erleichtert wird.

Der Felsberg

Die Lage

Der Felsberg im Odenwald liegt etwa 16 km südlich von Darmstadt und 7 km nordöstlich von Bensheim. Er hat eine Höhe von 515m und zählt somit zu den bedeutendsten Gipfeln des gesamten Odenwalds. [1]

Die Entstehung des Felsenmeeres

Das Gestein

Der Felsberg besteht aus Granit auch als Hornblendegranit bezeichnet. Er setzt sich aus folgenden Bestandteilen zusammen: Quarz (Kristallbruchflächen die wie Scherben von trübem Glas glänzen), Feldspat (Leisten mit paralleler Begrenzung und Spaltflächen in der Längsrichtung), Glimmer (dunkle z. T. schwarze Täfelchen, die sich mit dem Messer in feine Schüppchen aufspalten lassen) und Hornblende (grünlich bis schwarze schimmernde kleine Kristallflächen, die die Ebenheit und Größe der Biotittäfelchen(Glimmer) nie erreichen).

Die Wollsackverwitterung

Der Granit am Felsenmeer des Felsbergs ist in der Tiefe erkaltetes Gestein (Tiefengestein). Die Rheinebene senkte sich am und durch die Magmaverlagerung hob sich das Gebirge an den Seiten. Je höher die Schicht stieg, desto größer wurde die Abtragung. Besonders schnell geschieht diese Abtragung an der Oberfläche, da das Gestein hier Faktoren, wie Hitze, Kälte usw. ausgesetzt ist. Außerdem dehnen sich die verschiedenen Bestandteile des Gesteins unterschiedlich stark aus. Dadurch wird das Gestein spröde. Auch das Wasser ist eine erodierende Kraft: Es dringt in das Gestein ein, und kann es beim gefrieren sprengen. Zudem löst es das Biotit aus dem Gestein heraus, dadurch entsteht die pockennarbige Gesteinsoberfläche.
Mit der Zeit wird der Felskies ausgeschwemmt und die Felsblöcke lagern sich in Blockmeeren aneinander. Ein solches Blockmeer liegt am Felsberg vor.
Den gesamten Vorgang nennt man auch „Wollsackverwitterung". [2]

---

[1] Herrmann S.8
[2] Herrmann S.23ff.

Römersteine

Am Felsberg findet man Zeugnisse der Steinindustrie die in die Zeit der römischen Herrschaft zurückreichen.
Hier sollen einige kurz beschrieben werden:

Die Riesensäule

Die Riesensäule ist ein fertiges, am unteren Ende beschädigtes Werkstück mit einer Länge von 9,33m einem oberen Durchmesser von 1,08m und einem unteren Durchmesser von 1,27m. Ihr Gewicht beträgt etwa 27,5t . Auf der Unterseite bei 4,32m Höhe befindet sich eine 10-15cm tiefe Nische, die als Heiligennische angenommen werden darf. Drei Sägeschnitte bei 50, 135 und 305cm Höhe deuten auf den neuzeitlichen Versuch hin die Säule zu zerlegen.[3]

Die Riesensäule wird erstmals im 15. Jahrhundert bei Grenzprozessen zwischen Reichenbach und Bensheim bezeugt. 1644 erwähnt der Topograph Merian die „Säule" und andere auffällige Steine. Er nimmt an, dass diese Steine gegossen seine. 1777 widmet Abbé Häfelin der Riesensäule einen Aufsatz. Er erkennt, dass es sich bei dem Gestein um Granit handelt und deutet die auffälligen Steine bereits richtig als Zeugnisse der römischen Steinhauerei.
Man vermutet, dass die Riesensäule im Mittelalter einmal aufgerichtet wurde, da sich an der Unterseite eine Nische befindet, in der sich womöglich ein Heiligenbild befand. Vielleicht ein Bild des Hl. Bonifatius, da die Säule mehrfach als Bonifatiussäule beschrieben wurde. Nach dem 30jährigen Krieg soll man sogar versucht haben, die Säule zu zersägen um sie nach Heidelberg zu schaffen. Nach den Freiheitskriegen erwog Grimm und Kozebue die Säule nach Leipzig zu transportieren, um sie dort auf dem Schlachtfeld als Denkmal aufzuste llen.[4]

Der Altarstein

Der Altarstein hat eine Größe von 3,15m auf 5m. Von ihm sollten wahrscheinlich Platten von 40-55cm Breite Senkrecht abgespalten werden. Doch der Stein brach jedes Mal seitwärts von der Untergrenze des Sägeschnittes ab, so dass nur Balken gewonnen wurden die nicht breiter waren als der Sägeschnitt. Da dies wahrscheinlich dem gewünschten Ergebnis nicht entsprach brach man daraufhin die Arbeit an diesem Stein ab.

---

[3] Herrmann, S.108
[4] Herrmann, S.16ff.

Die Arbeitstechniken der Römer

Die Keilspaltung

In die gewünschte Spaltrichtung werden Keillöcher oder Keiltaschen geschlagen. In diese setzt man die Keile ein. Dabei muss man darauf achten, dass die Keilspitze nicht auf dem Gestein aufsitzt, sondern dass sie frei im Keilloch schwebt. Der Keil darf nur an den Seiten der Keillöcher aufsitzen. Durch das hineintreiben der Keile entsteht eine so starke Spannung, dass das Gestein schließlich auseinander bricht. Würde die Keilspitze im Keilloch aufsitzen, müsste man viel mehr Kraft aufbringen, um das Gestein zu sprengen.[5]

Das Steinsägen

Die Sägetechnik wurde bei den Römern nicht benutzt um Blöcke im Steinbruch zu gewinnen, sondern eher um bei der Gesteinsverarbeitung Platten aus den gewonnenen Blöcken zu schneiden. Nur bei weichem Gestein verwendete man gezähnte Sägeblätter. Am Felsberg setzte man ausschließlich Steinsägen ohne Zahnung ein. Sie funktionierten wie folgt: Das Sägeblatt drückte den reichlich beigegebenen Quarzsand beim Hin- und Hergehen der Säge in das Gestein. Zur Kühlung setzte man Wasser ein. Das abgeriebene Gestein wird in dem Spalt durch die Sägebewegung nach außen transportiert. Dieses Sägeverfahren wurde vor allem angewendet, wenn man Platten in bestimmter Größe und Länge benötigte.

Der Neckar

Der Verlauf

Der Neckar ist 203 km lang und 27 Staustufen regeln davon 199 km.
Der Neckar entspringt im Schwarzwald bei Schwenningen, windet sich dann durch die Schwäbische Alb und Odenwald bis er nach 367 km in Mannheim den Rhein erreicht.
Ab Plochingen ist der Neckar durch 27 Staustufen geregelt auf 203 km schiffbar.[6]

---

[5] Herrmann, S.41ff.
[6] Blumberg, 14.08.2003, 16:18

Prall- und Gleithänge

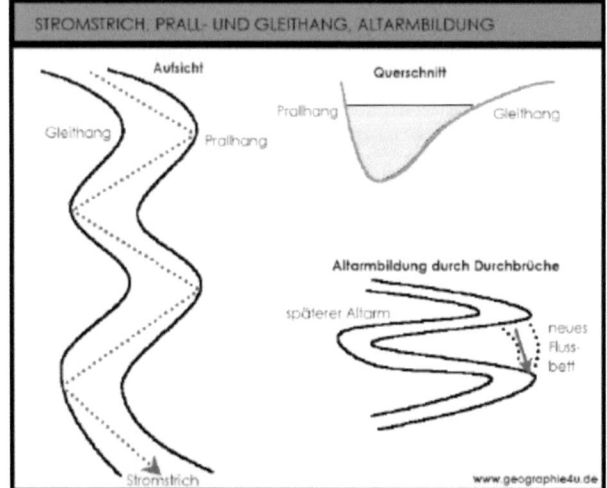

Flüsse *mäandrieren*. Dadurch entstehen *Prall- und Gleithänge*. Der *Stromstrich*(die blau gepunktete Linie in Bild links) stellt den Bereich der schnellsten Fließgeschwindigkeit dar. Da diese den Prallhang immer wieder berührt, erodiert dort Material. Da die Gleithängen weiter vom Stromstrich wegliegen, ist die Fließgeschwindigkeit entsprechend geringer und Material wird abgelagert (*Sedimentation*). Dadurch entsteht auch das typische Profil, das oben rechts in der Abbildung zu sehen ist. Dadurch, dass an den Prallhängen immer mehr Material abgetragen wird, kann es zu Durchbrüchen der Mäander kommen. Dabei fallen ganze Schlaufen trocken. Es entstehen sogenannte *Altarme*, wichtige ökologische Rückzuggebiete, die nur noch bei Hochwasser überschwemmt werden.[7]

Beim rechten Bild kann man schön sehen, wie sich der Fluss mit der Zeit verlagert. Auf längere Zeit gesehen wird der Fluss an der linken Seite durchbrechen.

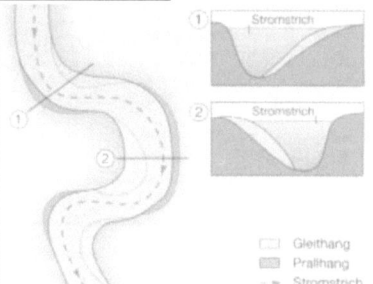

Die Staustufen des Neckars

Seit mehr als 50 Jahren ist der Neckar zwischen Mannheim und Heilbronn ein durch Staustufen geregelter Großschifffahrtsweg.

Am 28. Juli 1935 wurde nach 15 Jahren Bautätigkeit der erste Teilabschnitt des kanalisierten Neckars nach Fertigstellung von 11 Staustufen und Schleusen zwischen Mannheim-Feudenheim und Kochendorf fertiggestellt.

1879 seit bestehen der Neckartal-Eisenbahn wurden die Schiffe nicht wie üblich per Treidel-Schifffahrt (d. h. die Schiffe wurden mit Pferden vom Ufer aus stromaufwärts gezogen) sondern per Kettenschlepp-Schifffahrt (d. h. die Schleppboote zogen sich und drei bis vier anhängende Frachtboote an einer im Flussgrund liegenden Kette aufwärts). Trotzdem kam es oft vor, dass durch Niedrigwasser die Schiffart auf dem Neckar nicht möglich war. 1921 musste die Schiffart sogar 5 Monate lang wegen Niedrigwasser stillgelegt werden. Dies bedeutete natürlich jedes Mal einen erheblichen Verdienstausfall für die Schiffer und veranlasste die Kunden, ihre Transporte über die Schiene abzuwickeln.

---

[7] http://mitglied.lycos.de/MusicMister/physische/wasser.htm, 14.08.2003, 18:05

Es erwies sich als notwendig Staustufen zu errichten, um den Neckar über das gesamte Jahr befahrbar zu machten. Schiffer mit kleineren Schiffen befürchteten zwar, dass sie nicht mehr konkurrenzfähig bleiben würden, da Schiffe mit größerem Tiefgang größere Ladekapazität haben. Dieses Problem löste man, indem man Boote bis 270t von den Kanalgebühren befreite. Nach der Inbetriebnahme der Staustufen setzte ein wirtschaftlicher Aufschwung ein, der viele Schiffsunternehmen veranlasste, ihre Schiffe zu vergrößern, vor allem Massengüter wie Kies, Steine, Kohlen und Salz konnten jetzt konkurrenzfähig zur Eisenbahn transportiert werden.

In den 50er Jahren kam es oft, durch die Zunahme des Schiffsbetriebes vor den Schleusen zu lange Wartezeiten. Deshalb baute man die Staustufen bis Stuttgart zwischen 1956 und 1961 mit einer zweiten Schleusenkammer aus. Diese Kammern sind 110 m lang und 12 m breit und erlauben heute eine Höchstschiffslänge von 105 m.

An den Staustufen nutzt man die Energie des fließenden Wassers zur Gewinnung von Strom, welcher ins Netz eingespeist wird.

Mit 10-11 Mio. t Güter pro Jahr ist der Neckar heute ein umweltfreundlicher und bedeutender Verkehrsträger und ersetzt ca. 500000 LKW-Ladungen.

Betreut wird die 112 km lange Schifffahrtsstrecke von dem Wasser- und Schifffahrtsamtes Heidelberg.

1997 gab es ca. 15000 Schleusungen nur an der Staustufe Neckarsteinach. Auf dem gesamten schiffbaren Neckar sind es jährlich ca. 150000.[8]

Michelstadt

Zur Stadtgeschichte

Michelstadt ist eine der ältesten Siedlungen im inneren Odenwald. Sie ging aus einem fränkischen Gutshof hervor. Als fränkisches Königsgut verschenkte es im Jahre 741 Fürst Karlmann (der Onkel Karls des Großen) dem Bonifatiusschüler Burkhart, dem ersten Bischof von Würzburg. In diesem Jahr wird Michelstadt erstmals erwähnt. Nach dessen Tod im Jahr 791 ging Michelstadt wieder an die fränkische Königskrone zurück. Im Jahre 815 wurde die Mark "Michlinstat" erneut verschenkt. Im Jahre 840 ging Michelstadt an das Kloster Lorsch.

Im 12. Jahrhundert begann der Zerfall des Klosters Lorsch. Papst Gregor IX. übertrug 1231 die Verwaltung des Klosters dem Erzbistum Mainz, und am 11. 4.1232 übertrug Kaiser Friedrich II. das Gebiet endgültig in das Eigentum der Mainzer Erzbischöfe. Danach begann eine jahrzehntelange Fehde bei der Michelstadt durch den Heidelberger Pfalzgraf Rudolf im Jahre 1307 zerstört wurde. Nach 1311 wurde Michelstadt dann wieder aufgebaut. Um 1395 ließen die Erbacher Schenken einen Mauerring um die Stadt errichten und legten einen Wall mit doppelten Graben an; diese Arbeiten waren um 1400 beendet. Die Stadt besaß damals nur zwei Tore, das Untere Tor in der Großen Gasse und das Obere Tor in der heutigen Braunstraße. Unter Johann IV. Schenk (1445-84) entstand das Rathaus. Der Bau der heutigen gotischen Stadtkirche wurde 1461 begonnen und im frühen 16 Jh. beendet.

Selbst der 30jährige Krieg richtete in dem geschützten Städtchen keine übergroßen Schäden an, obwohl wir von vielen Orten des Odenwaldes um 1650 lesen, dass diese "wüst und verbrannt" waren. Die teilweise völlig entvölkerten Orte wurden durch Einwanderer - vor allem aus der Schweiz - neu besiedelt. Ende des 17. und im 18. Jahrhundert war die Stadt durch die Franzosenkriege schweren Belastungen ausgesetzt und weigerte sich um 1800, Freiwilligenverbände aufzustellen.

Die Stadt wurde mit der Zeit immer mehr und mehr durch die Stadtmauer eingeengt. Mit der Entwicklung von Feuerwaffen verlor die Stadtmauer ihre Existenzberechtigung. Im 17. Jahrhundert wurden die ersten Häuser außerhalb der schützenden Mauern errichtet. 1773 baute man ein neues Stadttor, das Neutor. Im 19. Jahrhundert wurden die Tortürme nacheinander abgerissen. Von den Mauern und Wehrtürmen sind noch große Teile erhalten, weil die Anlieger sie beim Aufbau ihrer Häuser als billige Außenmauer nutzten.

---

[8] *Hinz,Elisabeth,* http://www.neckarsteinach.com/html/touri/neckar/staust.htm, *14.08.2003, 21:03*

Der Bau der Eisenbahnlinie und ihre Fertigstellung 1870 nach Darmstadt, sowie 1881 nach Eberbach, brachte für Michelstadt einen starken wirtschaftlichen Aufschwung. Vor Ort siedelten sich bedeutende Industriebetriebe an. Nach dem zweiten Weltkrieg erlebte die Stadt einen beachtlichen Aufschwung und Bevölkerungszuwachs. Es wurden neue, moderne Wohnungen geschaffen. Außerdem kamen neue Arbeitsstätten hinzu. Heute ist Michelstadt ein wirtschaftlicher und kultureller Mittelpunkt des Odenwaldes. Sie beherbergt eine moderne Wohngemeinde, Behörden, Schulen, Handwerk, Handel und Industrie. In jüngerer Zeit setzt Michelstadt auf die Tourismusbranche. Es bietet neben Sportanlagen und Erholungseinrichtungen eine Menge attraktiver Ferienaktivitäten.[9]

Das Rathaus

Das spätgotische Rathaus kann man sicherlich als den originellsten Fachwerkbau Deutschlands bezeichnen. Der Baumeister des 1484 errichteten Rathauses ist leider unbekannt. Die Jahreszahl ist in altertümlichen arabischen Ziffern an Tragpfosten der Nordseite und der Vorderfront eingestemmt. Der eigentliche Bau ruht auf wuchtigen, schweren Eichenpfosten. In der unteren, ursprünglich ganz offenen Halle fanden die Gerichtssitzungen statt. Es war früher üblich solche Sitzungen im Freien unter einem Gerichtsbaum abzuhalten. Dies war durch die offene Halle teilweise gegeben. Bei schlechtem Wetter wurde hier auch Markt gehalten. Die alte Stadtwaage hängt immer noch in der Halle. In einem mächtigen Eichenpfosten an der Nordseite ist eine eiserne Elle eingelassen. Hier wurden früher die im Gebrauch befindlichen Maßstäbe geeicht und jedermann konnte die auf dem Markt gekaufte Tuchware nachmessen.
Im Oberstock befindet sich der Rathaussaal. Im Laufe seiner Geschichte hatte er schon viele Aufgaben zu erfüllen. Hier wurden
Ratsversammlungen abgehalten, er diente aber auch als Kath. Kirche, Lazarett, Schulsaal, Wahllokal, standesamtlicher Trauungssaal. Bis 1920 war im Rathaus die Verwaltung der Stadt untergebracht. Bis 1973 fanden hier die Sitzungen der Stadtverordneten statt, die jeweils durch das Läuten der Rathausglocke eingeleitet wurden. Heute wird der Saal noch für kleinere Konferenzen, Empfänge, Ausstellungen und sonstige besondere Anlässe genutzt. Im Jahre 1743 wurde die West- und Südseite verschindelt. 1903 wurde der ursprüngliche Zustand wieder hergestellt und das schöne Fachwerk freigelegt.[10]

---

[9] http://www.michelstadt.de/sehenswertes/geschichte.htm, 14.08.2003, 16:35
[10] http://www.michelstadt.de/sehenswertes/rathaus.htm, 14.08.2003, 16:35

Die Stadtkirche

Sehr bedeutsam in Michelstadt ist auch die
Stadtkirche. 1461 wurde der Bau begonnen
und 1537 mit dem Kirchturm 1537 beendet.
Bevor im 15. Jahrhundert die heutige
spätgotische Stadtkirche gebaut wurde, gab es
wohl eine andere Kirche, dies geht aus
Fundamentresten hervor.
An einem Strebepfeiler des Chores steht, dass
Schenk Adolarius zu Erbach anno Domino
1461 den ersten Stein legte. Am Treppenturm
der Westseite findet man die Jahreszahl 1475
und an der Südseite die Jahreszahl 1507 -
jeweils in Verbindung mit einer Inschrift, die
über den Fortgang der Bauarbeiten berichtet.
An der Westfront ist die Jahreszahl 1490
gleich dreimal eingemeißelt. Die Jahreszahl
1543 finden wir am Schlussstein des Chores,
der ein schönes Sterngewölbe besitzt.
Der mit einer Mauer umgebene Friedhof lag
früher rund um die Kirche. Die letzte
Beisetzung fand 1791 statt. Das Glockenspiel
der Stadtkirche verdanken wir dem
Gerbermeister Georg Friedrich Braun, der
1830 in Michelstadt geboren wurde und in
die Vereinigten Staaten auswanderte. Im
Jahre 1912 stiftete er aus Verbundenheit

25.000 Mark zum Bau eines Glockenspiels, das im Jahre 1913 als erstes dreistimmiges Glockenspiel
Deutschlands eingeweiht werden konnte. Im zweiten Weltkrieg mussten die Glocken abgegeben
werden. Durch Spenden von Michelstädter Bürger konnten jedoch wieder neue Glocken angeschafft
werden. Seit Weihnachten 1958 lassen sie viermal täglich ihre geistlichen und weltlichen Melodien
erklingen. Außerdem kann das Glockenspiel von einem Spieltisch aus bedient werden.[11]

Das Stadtbild

Michelstadt ist konzentrisch aufgebaut. Ein Wassergraben umgab früher die Stadt, heute befindet sich
an seiner Stelle der Stadtgarten. Im Zentrum befinden sich vor allem Fachwerkhäuser. Auffallend ist
die Kirche aus Sandstein.
Das Zentrum von Michelsstadt ist heute vor allem auf den Tourismus ausgerichtet. Es gibt viele
Grünanlagen, Gastronomiebetriebe und Souvenirläden. Die touristische Zielgruppe, die Michelstadt
erreichen will sind vor allem ältere Menschen.

---

[11] http://www.michelstadt.de/sehenswertes/stadtkirche.htm, 14.08.2003, 16:35

Literaturverzeichnis

Blumberg, Reiner, http://www.ladenburg.rbnetz.de/neckarverlauf/neckarverlauf.htm, 14.08.2003, 16:18.

Herrmann, Fritz-Rudolf, Führer zur hessischen Vor- und Frühgeschichte 3, Der Felsberg im Odenwald, Konrad Theiss Verlag, Stuttgart1985.

Hinz, Elisabeth, http://www.neckarsteinach.com/html/touri/neckar/staust.htm, 14.08.2003, 21:03

http://www.michelstadt.de, 14.08.2003, 16:35.

http://mitglied.lycos.de/MusicMister/physische/wasser.htm, 14.08.2003, 18:05

Bildverzeichnis

- Alle Bilder sind, falls nicht anders vermerkt, selbst gemacht worden.